小实验串起科学史

科学史（第20全）

从造纸术到活字印刷

路虹剑 / 编著

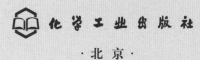

化学工业出版社

·北京·

图书在版编目（CIP）数据

小实验串起科学史. 从造纸术到活字印刷 / 路虹剑
编著 . —北京：化学工业出版社，2023.10
ISBN 978-7-122-43908-6

Ⅰ. ①小… Ⅱ. ①路… Ⅲ. ①科学实验 - 青少年读物
Ⅳ. ①N33-49

中国国家版本馆 CIP 数据核字（2023）第 137347 号

责任编辑：龚 娟 肖 冉　　　　　　装帧设计：王 婧
责任校对：宋 夏　　　　　　　　　　插　画：关 健

出版发行：化学工业出版社（北京市东城区青年湖南街 13 号 邮政编码 100011）
印　　装：盛大（天津）印刷有限公司
710mm×1000mm　1/16　印张 40　字数 400 千字
2024 年 4 月北京第 1 版第 1 次印刷

购书咨询：010-64518888
售后服务：010-64518899
网　　址：http://www.cip.com.cn
凡购买本书，如有缺损质量问题，本社销售中心负责调换。

定价：360.00 元（全 20 册）
版权所有　违者必究

作者序

在小小的实验里挖呀挖呀挖，挖出了一部科学史！

  一个个小小的科学实验，好比一颗颗科学的火种，实验里奇妙、有趣的科学现象，能在瞬间激起孩子的好奇心和探索欲。但这些小实验并不是这套书的目的和重点，它们只是书中一连串探索的开始。

  先动手做一个在家里就能完成的科学实验，激发孩子的好奇，自然而然地，孩子会问"为什么"，这时候告诉他这个实验的科学原理，是不是比直接灌输科学知识更能让孩子接受呢？

  科学原理揭秘了，孩子的思绪就打开了，会继续追问：这是哪位聪明的科学家发现的？他是怎么发现的呢？利用这个科学发现，又有哪些科学发明呢？这些科学发明又有哪些应用呢？这一连串顺

理成章、自然而然的追问，是不是追问出一部小小的科学史？

你看《从惯性原理到人造卫星》这一册，先从一个有趣的硬币实验（实验还配有视频）开始，通过实验，能对经典物理学中的惯性有个直观的了解；紧接着通过生活中的一些常见现象来加深对惯性的理解，在大脑中建立起看得见摸得着的物理学概念。

接下来，更进一步，会走进科学历史的长河，看看是哪位伟大的科学家首先发现了惯性原理；惯性原理又是如何体现在宇宙中星体的运动里的；是谁第一个设计出来人造卫星，这和惯性有着怎样的关系；我国的第一颗人造卫星是什么时候发射升空的……

这套书共有 20 个分册，每一个分册都有一个核心主题，从古代人类文明，到今天的现代科技，内容跨越了几千年的历史，能读到伽利略、牛顿、法拉第、达尔文等超过 50 位伟大科学家的传奇经历，还能了解到火箭、卫星、无线电、抗生素等数十种改变人类进程的伟大发明的故事。

这套书涉及多个学科，可以引导孩子在无数的"问号"中深度思考，培养出科学精神、科学思维、科学素养。

目录

你一定很喜欢读书吧？书籍的出现，让知识、思想更容易得到传播，加快了人类文明的进步，同时也让人们的文化生活变得更为丰富多彩。但是在以狩猎为生的远古时期，并没有文字，那么文字和图书是怎样一步步产生的呢？在我们从历史中寻找答案之前，先做一个和写字有关的科学实验吧。

书的出现加快了
人类文明发展

小实验：木棍上写字

没有纸，没有墨水，还能写字吗？在接下来的实验中，让我们试着用化学的方式，在没有纸和墨水的情况下，在木棍上写出字来。

实验准备

稀硫酸、打火机、酒精灯、烧杯、毛笔、木棍（冰棒棍）。

扫码看实验

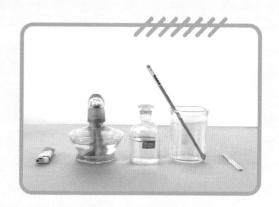

实验步骤

1

将少量稀硫酸倒入烧杯中（稀硫酸虽然不具有强腐蚀性，但也要小心操作，最好做好防护做实验）。

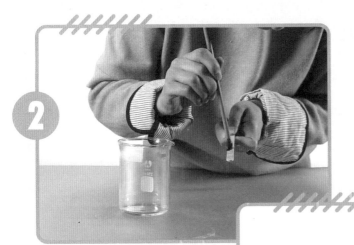

用毛笔蘸稀硫酸在木棍上写下 A、B、C、1、2。

点燃酒精灯，用镊子夹住木棍在火上烤。

小提示

> 实验中手要远离点燃的酒精灯，以免烫伤。

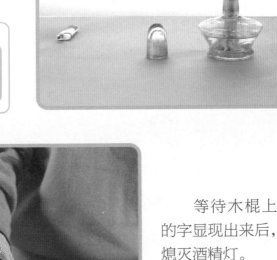

等待木棍上的字显现出来后，熄灭酒精灯。

为什么木棍在酒精灯上烤一烤，字就出现了呢？这么神奇的现象，背后隐藏着什么科学道理呢？

实验背后的科学原理

　　我们用稀硫酸在木棍上写字，稀硫酸在木棍上留下一些印迹。放到酒精灯上烤，稀硫酸中的部分水分蒸发，就变为浓硫酸。浓硫酸具有腐蚀性，只腐蚀写字的部分，也就在木棍上刻上字了。

化学小常识：稀硫酸

　　稀硫酸虽然和浓硫酸的名字差不多，但它们的差别可大着呢！稀硫酸是指硫酸含量小于或等于 70% 的硫酸水溶液。稀硫酸不具有浓硫酸的强氧化性、吸水性、强腐蚀性等特殊化学性质。

　　今天，我们有各式各样的笔用来记录文字，比如铅笔、圆珠笔、水彩笔等，也有各种各样的记录文字的纸张，还可以通过手机、电脑将文件以数字形式保存下来或传播出去。那么，文字是什么时候出现的呢？

最早出现的文字

我们都知道早期的人类是以狩猎为生，因此制作了木棒和磨尖的石头当狩猎工具，而后者成了人类的第一种书写工具。考古学家认为，穴居人用这种锋利的石头在洞穴的墙壁上刻画图画。这些图画描绘了日常生活中的事件，如种植庄稼或狩猎的胜利等。

随着时间的推移，记录从图画演变成系统化的符号——用不同的符号代表对应的事件，这样画起来更容易、更快。随着时间的推移，这些符号在小群体中被共享和普遍使用，后来也跨越了不同的群体和部落，逐渐成了象形文字。

古埃及的象形文字

　　象形文字被认为是人类文字的"雏形"，而真正意义上的人类最早的文字，是由象形文字发展而来的楔形文字。楔形文字起源于两河流域（幼发拉底河和底格里斯河）最早的定居者——苏美尔人。苏美尔人建立了苏美尔文明，是整个美索不达米亚文明中最早，也是世界已知最早的文明。

　　在公元前3400年左右，楔形文字逐渐发展起来，在历史上这种文字曾经是西亚地区通用的文字，但到公元前1世纪前后逐渐失传。

苏美尔人的楔形文字

在古老的东方，古代中国的文字也独立发展起来，例如出现在商朝晚期（约公元前1300年—公元前1100年）的甲骨文，是中国现存最早、最完整的古文字。这是一种在龟甲或兽骨上契刻的文字，和现代的汉字有很大不同。

刻在牛骨上的甲骨文（商代）

一些历史学家认为，在商朝之前的夏朝（约公元前2070年—公元前1600年），可能已经存在比较原始的文字了。例如考古专家发现，出土的夏朝陶器上已经能明显看到多种刻画符号，其中某些字和甲骨文非常相似。

文字的出现是社会文明的标志，即便是非常原始的文字，也标志着古代中国从夏商开始，就已经进入文明时代了。

除了两河流域、古代中国，古埃及、古印度以及古代美洲都相继发展出自己的文字。

大约在公元前400年，希腊文字得到发展，并开始取代象形文字，成为最常用的文字交流形式。希腊语是第一种从左到右书写的文字，它的发展是从希腊文到拜占庭文，再到罗马文。一开始，所有的书写系统都只有大写字母，但随着发展，大约在公元600年后，小写字母被开始广泛使用了。

早期的希腊文字

最早记录文字的方式

　　有了文字以后，人们面临了一个新的问题，那就是如何记录文字。也就是说，在什么地方，用什么方式把文字写上去。

　　书写最大的好处是它提供了一种方式，可以通过它来持续地、更详细地记录信息，这是仅凭口头语言沟通无法做到的。书写能帮助社会传递信息，分享和保存知识。

古埃及的莎草纸

莎草纸是用一种名为纸莎草的植物的茎制成的。在人类造纸术极其落后的古代，埃及莎草纸在干燥的环境下可以千年不腐，一度使其成为法老时期重要的出口商品。

书本的出现

古埃及人最初是将纸卷成卷轴使用的，后来人们为了方便，就裁成一张张的以便制成抄本，这样，书本就出现了。

最早用于制造纸张的纸莎草

纸莎草是一种水生植物，主要生长在埃及的池塘和沼泽中，类似于芦苇。可别看莎草纸是最原始的纸，它的制作可是很复杂的，需要经过数道工序，佐以辅助材料才能制成。

人们首先割下纸莎草的茎，去除茎外边的绿色硬质外皮，再根据所需纸张的规格，将内茎切成薄薄的长条，切下的长条需要在水中浸泡，至少需要 6 天时间，然后将许多长条并排放置成一层，再以其垂直方向在上面覆盖另一层，就像用许多的横条和竖条把纸铺满一样，之后将铺好的两层放到两片麻布中间趁湿捶打，挤去水分，使两层薄片紧紧地粘在一起，再用石板压制、晒干，随后用浮石将纸面磨平，最后把纸边缘修正就制成了莎草纸。

莎草纸不仅制作起来很是复杂，而且还很容易受潮变质，随着出口量的增大，价格也变得非常昂贵，所以人们用其他材料来代替它，其中就包括皮革，例如羊皮等。

公元 6—7 世纪的羊皮纸

造纸技术出现之前，古代中国人为了记录文字，也使用过很多种的书写材料，例如我们之前提到的陶土器、龟甲和兽骨，以及和甲骨文同一时期的青铜器。春秋战国时期（公元前 770 年—公元前 221 年），人们开始使用布帛和竹简来记录文字。

商代出现的青铜器

但是布帛的成本太高，价格昂贵，普通人根本无法承受。竹简相对于布帛来说要便宜很多，但却很笨重，另外，一卷竹简也写不了多少字，使用起来也极为不方便。这时候，人们需要一种成本不高，又很方便书写的材质。

记录文字的竹简

蔡伦改进了造纸术

西汉时期，人们已经开始探索造纸的技术，发明了麻纸，但这种纸非常粗糙，使用起来极为不方便，所以并没有被推广。到了东汉时期，宦官蔡伦总结前人的经验，改进了造纸术。

据史料记载，蔡伦出身于东汉初年一个铁匠世家。蔡伦从小就很喜欢读书，而且对冶炼、种麻、养蚕等技术颇有了解。少年蔡伦可谓满腹经纶，很有才学。就这样，蔡伦被选入朝廷成为一名宦官。后来蔡伦掌管尚方，这是一个主管皇宫制造业的机构，汇集了天下的能工巧匠。

对于爱好工程技术的蔡伦来说，尚方是一个发挥他特长的平台。据记载，蔡伦大幅改进了刀剑的制作工艺，让宫廷刀剑的制作工艺达到了前所未有的高度。

而在蔡伦主管尚方期间，最为知名的改进就是造纸术。蔡伦挑选出树皮、破麻布、旧渔网等材料，让工匠们把它们切碎剪断并放进水池中浸泡。过了一段时间后，把其中不易腐烂的部分保留了下来，放入石臼中不停搅拌，直到它们成为浆状物，然后再用工具把它们挑起来，等干燥后揭下来就变成了纸。

善于思考的蔡伦改进了造纸术

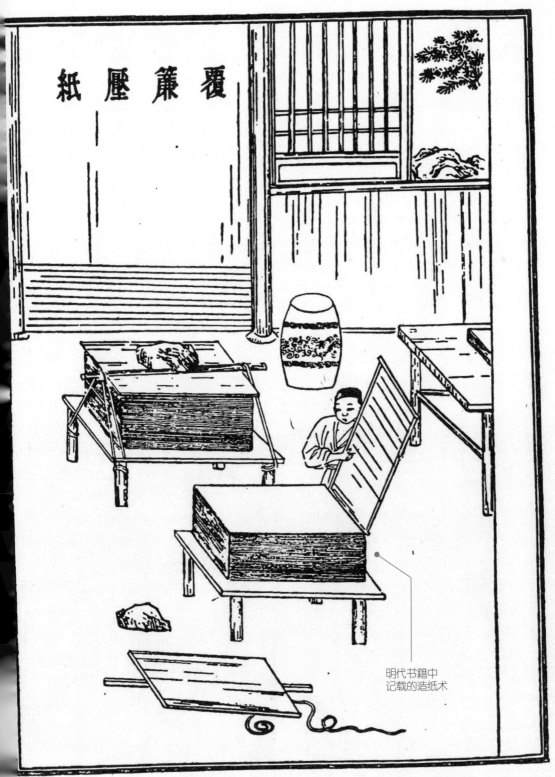

覆簾壓紙

明代书籍中
记载的造纸术

　　蔡伦带着工匠们反复试验，最终制作出既轻薄柔韧，又取材容易、价格低廉的纸。公元 105 年，蔡伦向汉和帝刘肇献纸，得到皇帝的赞赏，便诏令朝廷内外使用并推广。九年后，蔡伦被封为"龙亭侯"，人们便把这种纸称为"蔡侯纸"。

　　蔡伦对造纸术的改进推动了中国早期文化的发展，图书随之增多了，阅读文化也逐渐兴起。书不用再像过去一样卷成一卷，或是沉重到需要用车去推，而是可以用手轻松地拿取。

　　蔡伦改进的造纸术被列为中国古代"四大发明"之一，对人类文化的传播和世界文明的进步做出了杰出的贡献。根据史料记载，公元 7 世纪前后，造纸术开始传播到阿拉伯地区，到了 12 世纪前后，造纸术传到了欧洲的意大利。

欧洲后期发展起来的造纸坊

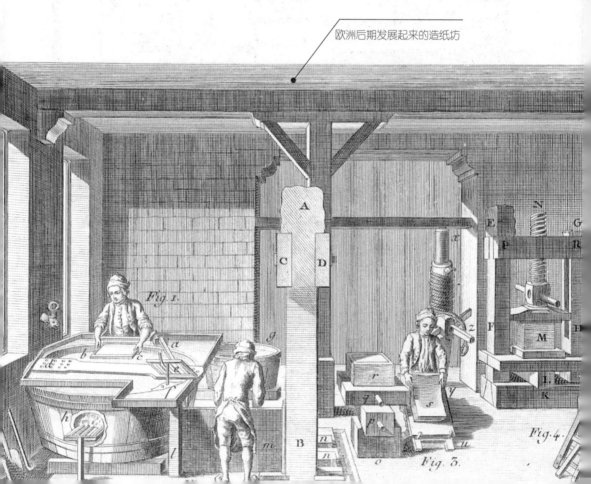

大约从公元 4 世纪到 14 世纪，中国最大的图书馆藏书是欧洲最大图书馆藏书的数倍。例如在公元 721 年，唐朝朝廷内的藏书将近 9 万卷，这在当时全世界范围内是一个令人震惊的数字。

但随着造纸术在西方的传播，大约从 13 世纪开始，欧洲的造纸技术也得到了快速的发展。在印刷机被发明出来之后，欧洲图书的生产量和收藏量逐渐超过了中国。特别是在 17 世纪之后，欧洲的藏书量完全超过了中国。与之相对应的是，欧洲的科技、文化都有了爆发性的发展。

从雕版印刷到活字印刷

在造纸术改进后，印刷术发明之前，书主要以手抄本的方式进行传播。所谓手抄本，就是用笔、墨抄录在纸上所形成的图书。例如四大名著之一《红楼梦》最初就是以手抄本的形式广泛流传的，而著名的大部头《永乐大典》和《四库全书》也是人工抄写的。

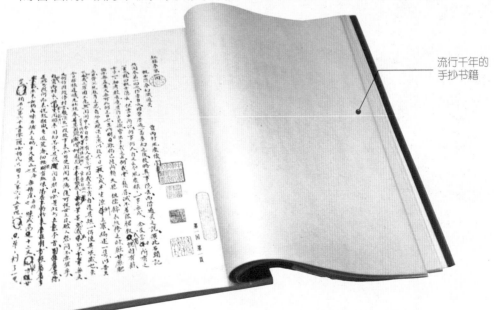

流行千年的
手抄书籍

即使在印刷术普及之后，手抄依旧流行了上千年，一方面，不是所有的书籍都能印刷，想要保存知识只能通过手抄的方式；另一方面，手抄对于一些文人来说是一种兴趣，而且能够帮助练习书法。

但是手抄的问题在于费时、费力，既不能大规模生产图书，而且还很容易写错或漏写，阻碍了文化的传播和发展。所以，随着阅读和知识传播的需要，印刷成了一个潜在的技术需求。到了唐代（618年—907年），雕版印刷术被发明了出来。

雕版印刷术的最初灵感来自印章，印章是一种在石头上刻字的工艺，从先秦时期（旧石器时代—公元前221年）就已经出现，并流传至今。一般来说，印章上只刻有几个字，显示姓名、官职或机构。不过印文都需要刻成反体，因为这样印出来的文字才是正体。

秦朝出现的
石刻印章

受到印章的启发，且由于文化传播方面的需求，雕版印刷术在唐代被发明了出来，到了唐代中后期已经非常普及了。雕版印刷的主要方式是：先在一块完整的版料（如枣木、梨木等）上面雕刻上要印的文字，印书的时候，用墨在雕好的板上刷一下，然后把白纸覆在板上，然后再用干净的刷子在纸背上轻刷一下，把纸取下来，这样一页书就印好了。一页一页印好以后，工匠把它们装订成册，一本书也就印刷成功了。

雕版印刷和图书装订推动了书籍的普及

雕版印刷术的发明，让书籍制作的周期大大缩短，并且可以批量印制图书，对于当时社会文化的发展起到了强大的推动作用。到了宋朝（960—1279），雕版印刷发展到全盛时期。

　　但是雕版印刷术也存在一些明显的缺点，首先来说，刻版费时费工费料；其次，大批书版存放起来并不方便，而且刻版时出现了错字不容易更正。有什么办法可以改进呢？

　　北宋时期（960—1127），一位名叫毕昇的平民发明家创造了活字印刷术，改变了历史。

　　据记载，毕昇是一个从事雕版印刷的工匠，对雕版印刷技术非常精通。毕昇在长期的雕版工作中，发现了一个问题，那就是雕版时，每印一本书都要重新雕刻一次版，这个流程时间很长，而且制作成本也很高。

善于思考的毕昇开始探索，有什么方法可以改进雕版印刷呢？毕昇忽然想到，如果把一个个汉字都雕刻成单独的活字，虽然工程量大一些，但以后排版印刷书籍会十分方便，而且这些活字可以反复使用，存放起来也比雕版要方便许多。

经过不断研究和实践，毕昇在宋仁宗庆历年间（1041—1048）制成了胶泥活字，完成了印刷史上一项重大的革命。

毕昇的活字印刷方法是这样：用胶泥做成一个个规格一致的小毛坯，在毛坯一面刻上反体单字，然后用火烧硬，成为单个的胶泥活字。在印刷图书时，把需要用到的胶泥活字挑拣出来放入带框的铁盘，排满一框就为一版，并用药剂将其固定住。排好版之后，再刷上墨，附纸印刷即可。一批书印好之后，把排好版的活字取出，下次印书前可以再取出用于排版。

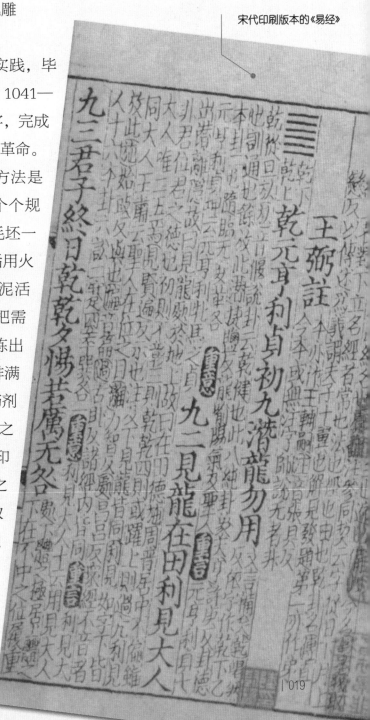

宋代印刷版本的《易经》

铅合金活字印刷
印发明人古腾堡

　　从历史来看，毕昇发明泥活字，是活字印刷的开端，人们在此基础上又发展了锡活字、木活字、铜活字、铅活字等。而现代铅合金活字印刷，是由德国人约翰·古腾堡于 15 世纪 50 年代发明的，而毕昇的发明比古登堡早了足足 400 年左右。

　　毕昇所创造的活字印刷术也是中国古代的"四大发明"之一，在人类文明的历史长河中留下了浓墨重彩的一笔。

铅合金活字

古腾堡发明了印刷机

东汉的蔡伦改进了造纸术，北宋毕昇发明了活字印刷术，这些伟大的技术在后来相继传入了欧洲，随着时间的推移和社会的需求，人们希望能够实现更快速地印刷书籍，以便传播知识，而这一切因为古腾堡的努力而变为现实。

古腾堡的发明推动了欧洲的文化进展

1398 年，古腾堡出生在德国的美因茨，后来跟随家人移居斯特拉斯堡。古腾堡的父亲是一位珠宝匠，他从小看着父亲制作各种首饰，这也让他学到了不少制作东西的技巧，例如金属加工和切割等，这为他日后发明印刷机创造了条件。

古腾堡从小接受过正规的教育，他学会了用德语和拉丁语读写。成年之后，他在斯特拉斯堡从事金银匠的营生，不过在很长时间里，他都处于默默无闻的状态。

有一次，他用工具把一面小镜子装到框子里，这让他萌生了一个想法，能不能用同样的方法把排成句子的活体铅字托住，然后用来印刷呢？或许是这个想法促使他开始尝试设计并制造印刷机。

1439 年，古腾堡发明了铅活字印刷，他使用铅、锡、锑的合金浇铸活字，并能准确无误地浇铸出活字的可调铸模，这为他接下来发明印刷机创造了必要的条件。

当然，我们要知道一件事，那就是欧洲的文字大多是由固定数量的字母组成的，例如古典拉丁文通常只有 23 个字母，这种构词方法对于活字印刷来说，会比汉字印刷起来要方便不少。在铸造成功铅合金活字之后，古腾堡开始思考，如何制造一台机器，提高印刷的速度。

古腾堡设计的铅活字印刷机

在 1440 年，古腾堡在一本书中透露了他的印刷机的想法，但不知道他当时是否真的成功地设计和制造出来了印刷机。不过到了 1448 年，50 岁的古腾堡回到老家美因茨，在他的姐夫阿诺德盖尔图斯的贷款帮助下，他开始组装印刷机。到了 1450 年，古腾堡的第一台印刷机投入使用。

古腾堡的活字印刷机使用了油墨，是一个完整的、可以连续工作的印刷生产系统，而不是零敲碎打的手工作坊里的一套机器或设备。

1450 年前后，古腾堡开始用机器排印书籍。起初，他的印刷机每天只能印刷 300 页。但后来他改进了机器和印刷工艺，提升了印刷机的速度。

古腾堡和印刷工人们正在检查印刷质量

印刷机的问世，让人们不再局限于手抄本，大幅提高了文化和知识传播的速度。例如在 1482 年，古希腊数学家欧几里得最具有影响力的《几何原本》得到了机器印刷，这让自然科学在欧洲大陆得到了更快速和广泛的传播，这也是为什么欧洲在 15 世纪后，科学得到了快速发展的一个重要原因。

在古腾堡之后的 300 多年，人们一直沿用他的印刷机，并且将印刷速度提高到每小时 250 张，图书开始大量印刷生产，并推动了出版商的出现。到了第一次工业革命后，印刷机从手动发展成为机械驱动，19 世纪中期，轮转印刷机被发明出来，每小时可以印刷8000 张。到了 20 世纪之后，胶印逐渐替代了铅合金印刷，印刷的效率和质量再次得到了全面提升。

古腾堡早期印刷的图书

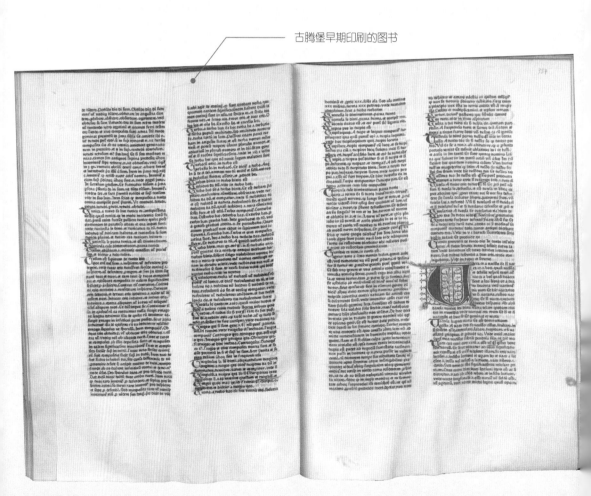

谁发明了平版印刷?

平版印刷的发明人阿
洛伊斯·塞纳菲尔德

自印刷术被发明之后的很长一段时间里，不管是雕版印刷，还是活字印刷，总要使印刷部分跟非印刷部分有凹凸之分才能印制成功。

长期的思维惯性使人们觉得平版印刷就像是天方夜谭，没有凹凸怎么可能印出字来呢。那么真是如此吗？平版真的不可以印刷吗？

事实显然并非如此。作为现在世界上应用最广泛的印刷工艺，我们对平版印刷感触颇深。原来不用凹凸，平版也是可以印刷的。其实，早在第一次科技革命时期，就有个善于观察的人发现了这个事情，并成功发明了平版印刷术（也被称为石版印刷术）。这个人就是奥地利作曲家阿洛伊斯·塞纳菲尔德（1771—1834）。

说到这里，大家可能会觉得很奇怪，一位作曲家，好好作曲就好了，怎么会去搞发明呢？其实这也怪不得他，作为一位作曲家，他创作了很多作品还颇受世人欢迎，时间长了，他就想印刷、出售自己的作品来增加收入。但是当时流行的木版印刷、铜版雕刻印刷等不是制作麻烦，就是造价高昂。

　　无奈之下，塞纳菲尔德就开始尝试使用石灰石作刻版。一次偶然的机会他发现，用一种油性墨水写在石板上的字迹不仅数日不掉，而且还可以转印到纸上。自此后，塞纳菲尔德就开始潜心研究，经过许多次试验后，他终于在 1798 年利用水与油互相排斥的原理发明了平版印刷术，使得平版印刷成为可能。我们今天所采用的很多先进的印刷术也是源自于此。

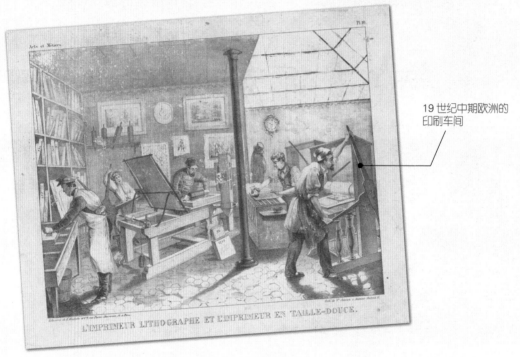

19 世纪中期欧洲的印刷车间

留给你的思考题

　　1. 我们今天看到的很多图书都是彩色的，不是纯黑色的，你知道这是怎么印出来的吗？

　　2. 我们常用的打印机打印过程运用的是什么原理，你知道吗？不妨查查资料了解一下吧。